西南典型民居
物理性能提升图集

③藏族等生土建造体系民居物理性能提升

谭良斌 主编

中国建筑工业出版社

图书在版编目（CIP）数据

西南典型民居物理性能提升图集. 3，藏族等生土建
造体系民居物理性能提升 / 谭良斌主编. —北京：中
国建筑工业出版社，2023.3
ISBN 978-7-112-28489-4

Ⅰ.①西… Ⅱ.①谭… Ⅲ.①藏族—民居—物理性能
—西南地区—图集 Ⅳ.①TU241.5-64

中国国家版本馆CIP数据核字（2023）第048106号

参与编写人员

本 书 主 编：周政旭　朱　宁　谭良斌　丁　勇

分 册 主 编：谭良斌

分册编写组成员：杜思齐　黄　晓　詹韫纬　韩国栋　郭小强
　　　　　　　　　胡安达　邹　双

前　言

　　我国幅员辽阔、地域多样、文化多元一体。西南地区是传统村落分布最为集中、地方和民族特色最为突出的地区之一。在漫长的历史进程中，植根于文化传统与地方环境，形成了风格各异、极具特色的村寨和民居，适应于不同的气候、地形、自然环境以及生计模式。但同时，西南村寨民居也存在应灾韧性不足、人居环境品质不高、特色风貌破坏严重、居住性能亟待改善等问题。为提升西南民居品质，本书以空间功能优化和物理性能提升为重点，从宜居性、安全性、低成本、集成化的角度构建西南典型民居改善技术体系。

　　在国家"十三五"重点研发计划"绿色宜居村镇技术创新"专项"西南民族村寨防灾技术综合示范"项目所属的"村寨适应性空间优化与民居性能提升技术研发及应用示范"课题（编号：2020YFD1100705）的支持下，清华大学、重庆大学、昆明理工大学联合西南多家科研院所、规划设计单位，开展典型民居物理性能提升技术研发示范工作，并在西南地区的数十个村寨开展示范。从技术研发与应用示范工作中总结凝练，最终形成中国城市科学研究会标准《西南典型民居物理性能提升技术指南》T/CSUS 51—2023。配合指南使用，课题组编写了本书。

　　本书适用于以布依族为例的砖石建造体系、以哈尼族和藏族为例的生土建造体系、以苗族为例的竹木建造体系典型民居的改建与提升。本书共分四册，每册针对一类典型民居，内容包括民居布局、空间形态、能源体系、功能优化、围护界面、材料使用等角度的宜居性能改善技术体系。

　　本书由清华大学、重庆大学、昆明理工大学团队合作编写。在理论研究、技术研发与指南图集审查过程中，得到了中国科学院、中国工程院院士吴良镛教授，中国工程院院士刘加平教授，中国工程院院士庄惟敏教授，中国城市规划学会何兴华副理事长，清华大学张悦教授、吴唯佳教授、林波荣教授，四川大学熊峰教授，云南大学徐坚教授，西南民族大学麦贤敏教授，西藏大学索朗白姆教授，中煤科工重庆设计研究院唐小燕教授级高工，重庆市设计院周强教授级高工，安顺市规划设计院陈永卫教授级高工的悉心指导、中肯意见和大力支持。在技术研发与示范过程中，得到四川大学、中国建筑西南设计研究院有限公司、四川省城乡建设研究院、云南省设计院集团有限公司、昆明理工大学设计研究院有限公司、安顺市建筑设计院、贵州省城乡规划设计研究院、重庆赛迪益农数据科技有限公司、重庆涵晖木业有限公司、加拿大木业、重庆群创环保工程有限公司等单位的共同参与。此外，过程中得到了西南多地政府部门、示范地村集体与村民的支持和帮助，在此不能一一尽述。谨致谢忱！

目 录
C O N T E N T S

第 1 章　村寨选址布局

1.1　顺应自然基底

村寨空间的建设应适应高原地形地貌、水系、气候等自然环境条件，科学处理道路、建筑与山形、水体等环境要素的空间关系，不同地理区位的村庄应根据不同环境选择符合其自然基底的建造方式，突出地方性特色，实现人与自然和谐共生与村寨可持续发展。藏族传统村落顺应地形布置建筑，高差坡度不宜过大，适应坡地的地形地貌特征，建筑内部空间的高差可以因为地形存在一定的变化，建筑的晒台可以和较高地形的部分相结合,拓展建筑的空间感。

村寨空间的建设应充分考虑坡面稳定性，避免泥石流、滑坡灾害的潜在影响。高原地区地形起伏明显、坡度较大，需要重视专业排水设计，避免雨水在村寨低地或道路积聚，在特殊性岩溶地区土层保障村寨行洪防洪安全。

村寨空间的建设应当注意功能与造景并重，在建设和美化过程中宜利用高差种植不同种类的乡土植物，形成色彩层次丰富的台层式绿化带，达到功能和美观的良好结合。在水土流失较严重的区域应按照适地适树、生态与经济效益并重、生长周期长短结合的原则进行绿化。

1.2　适应气候条件

民居的选址布局要充分适应当地的气候条件，选择坡度适宜的位置。在夏季，建筑组团和内部空间要保证良好的自然通风。在冬季，建筑要充分考虑建筑保温，并考虑直射阳光不被遮挡。

1.3　优化竖向空间

优化村寨竖向空间，要因地就势。乡村道路建设应经济高效，尽量顺应、利用自然地形，充分利用原有路基，对道路与街巷进行必要的完善，如连通尽端式道路。建设山地道路时，可通过绕环山丘、平行盘旋或树枝尽端形式等模式设计道路。同时，村寨公共空间体系应与村寨整体格局、建筑布局相适应，与周围自然环境相协调。

第 2 章　民居选址布局

2.1　坡向选择

为保证村寨居住环境，村寨选址应顺应地形地貌，应做到：村寨选址与周围的山水环境有机融合，保持原有村寨空间关系；河谷地区的村寨选址以半阴坡和半阳坡为主，方位上以东坡为主；半山区村寨选址以阳坡和半阳坡为主，主要分布在东南坡和西坡上，以村寨面向澜沧江、背靠山体为主；高寒山区聚居村寨的坡向分布相对随机，在阳坡的居多。选址主要在阳坡，在各个坡向上选择坡度平缓、适宜居住耕种的土地。

2.2　尊重本土文化

尊重藏族与自然有机和谐相处的文化，应做到：村寨选址和建造应该顺应自然，选择坡度小、适合建造的地方；建筑材料应易于获得，最好可以循环使用，从旧建筑中拆除后进行再利用，以减少对自然的掠夺。

2.3　控制建造成本

2.3.1　减少运输费用

为减少运输费用，应就地取材。云南地处西部，山峦环绕，重岩叠嶂，村与城市之间的路曲折蜿蜒，山区建房的建材运输费用甚至高于建材购买费用。村寨建造时就地取材，利用当地资源，缩短运输距离，降低运输费用。

2.3.2　减少人工费用

为减少人工费用，应推广村寨互助式建造。通过制定标准和规范流程，可以将建筑的建造大部分交由当地的居民完成，当地的居民是建筑更新的主要受惠者和实践者。通过培训，让每一位村民了解建造的流程和具体规则，动手建造属于自己的住房，不但能节省人工成本，而且可以有效地控制建造成本，从而减轻建造带来的经济负担。

2.3.3　减少材料费用

为减少材料费用，应尽量使用本土材料，并且实现本土材料的可持续利用。云南地理环境复杂、气候多变，为传统民居建筑提供了多种多样的天然建筑材料，最为常用的有土、木、石、草及农作物秸秆等。传统的天然材料既能保留建筑的风貌又可控制成本，因此可以将当地材料与适宜的技术相结合，创造出适合人们居住的低碳低造价民居。

第 3 章　空间功能优化

3.1　定位建筑功能

3.1.1　藏族传统民居的平面类型

　　藏族民居一般围合成庭院式，形成"U"字形和"回"字形。房屋内部一般分为两个部分，一边是1～2间小房间为杂物间或卧室，一边是正房，也就是堂屋，是整个房屋的最重要空间，装修最为隆重精致，布置有佛堂、中柱、火塘、沙发座椅等。

　　藏族民居大多分为3层：一层圈养牲畜；二层是堂屋、主人卧室、仓库等；三层为客房和佛堂。

　　传统屋顶是土掌平顶，近年来有的在土掌平顶上加上水泥瓦坡顶或彩钢瓦坡顶。

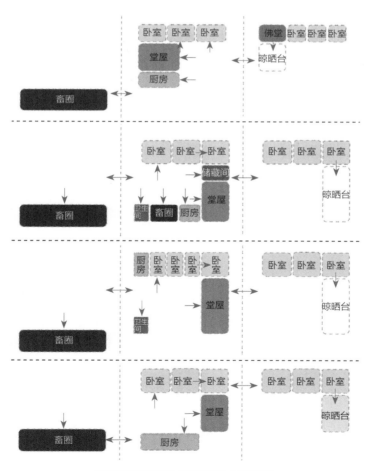

藏族传统民居功能空间组合示意图

3.1.2 藏族民居的典型空间组成

火塘：是藏式民居中最为重要的空间，装修最为隆重精致，布置有佛堂、中柱、火塘、沙发座椅等。火塘采用木炭生火，在寒冷的冬季，火塘既能够烹饪食物，又能给房屋供暖。

佛堂：传统藏族民居一般会在顶层设置一个佛堂。

卧室：卧室是藏族传统民居中重要的空间，一般分两层设置，一层卧室为自用，二层为客房。

3.1.3 藏族民居的结构形式

传统藏族民居都是墙承重体系，用当地黏土夯筑的墙体厚约600mm，十分厚实。屋顶分为土掌平顶和水泥瓦坡顶两种。屋顶由木构架承重。

常见屋顶形式

常见屋架形式

常见木制梁架形式

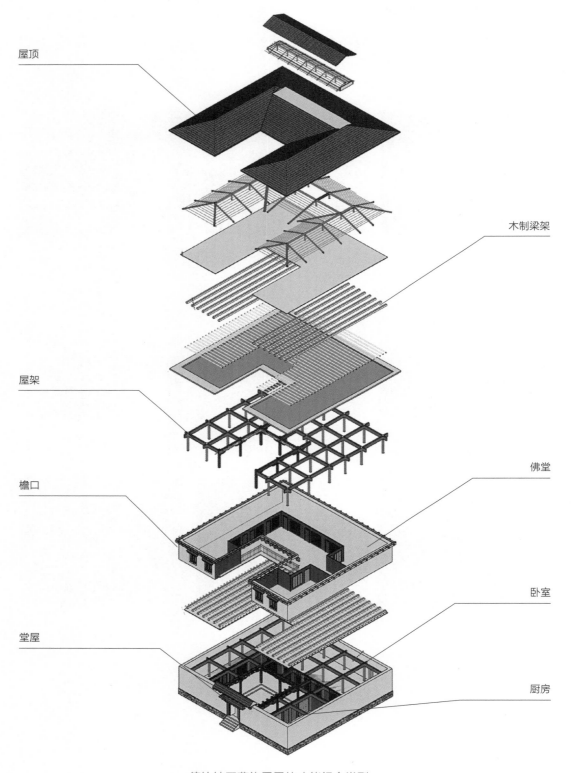

屋顶

木制梁架

屋架

佛堂

檐口

卧室

堂屋

厨房

德钦地区藏族民居的功能组合类型

3.2 保留当地特色

3.2.1 夯土墙体

采用当地黏土夯筑而成的，这是一种特殊的黏土，黏性很高，夯筑的墙体厚实且不易倒塌。墙体自下而上有明显收分，可以减轻墙体自重，增加建筑的稳定性。

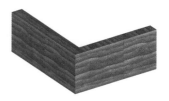

夯土墙体示意图

3.2.2 土掌平顶

传统的土掌平顶，有较好的热工性能和使用价值。传统藏族居民的晾晒和祈祷等活动都会在屋顶进行，但近几年很多土掌平顶因雨季渗漏而改为坡顶结构。

土掌平顶示意图

3.3 优化空间设计

3.3.1 保留空间

传统民居空间围绕内部庭院布置，以堂屋为主要空间，其次为一些卧室和储藏空间，空间布局较为合理。

动区
过渡区
静区

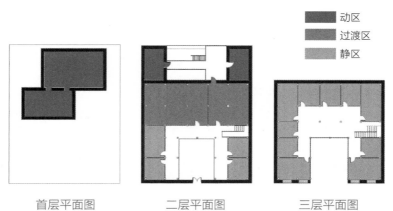

首层平面图   二层平面图   三层平面图

3.3.2 优化空间

（1）将建筑外廊设置成阳光间，阳光间与房间之间的围护结构应具有一定的保温能力。

（2）在庭院上空增设屋顶天窗等，改善屋顶热工性能的同时，使夏季通风流畅。

（3）可以在传统民居适当部位合理增设现代卫生间，改善民居居住条件。

（4）民居现在通常是3层空间。地下一层是牲畜房，一层是堂屋、厨房、主卧等使用频率最高的功能空间，二层是客卧和佛堂。

（5）应把牲畜房从民居中移除，在村寨下风向处集中建设牲畜房。

（6）应把民居中的楼梯间从走廊空间移除单独设置。

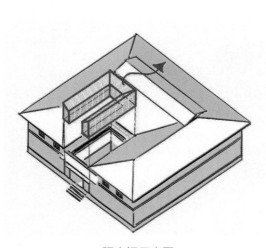

阳光间示意图

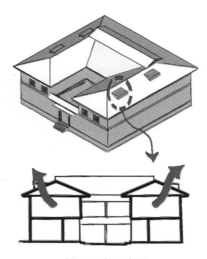

屋顶天窗示意图

3.4　提升室内环境

提升室内光环境：适当增加开窗面积，使室内主要功能空间的采光系数满足标准值的要求。

提升室内声音环境：传统藏族民居内部装修多为木质，木质楼梯和木地板在使用过程中极易产生噪声，而且房间之间的隔声效果差。所以，在平面布局时可以将厨房、卫生间等产生噪声的房间与书房卧室等安静的房间分开布置，以客厅空间作为过渡，缓解民居中不同功能房间之间的噪声干扰。

提升室内空间布局：对室内空间布局进行优化，例如优化储藏空间，新增书房学习空间等，更加适应居民在新时代对空间的需求。

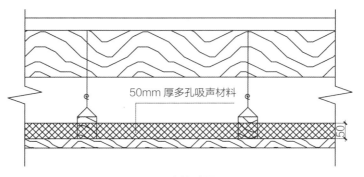

50mm 厚多孔吸声材料

50

吊顶隔声构造图

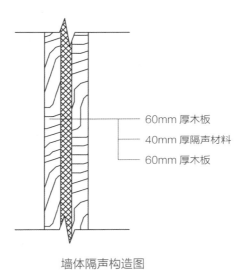

60mm 厚木板
40mm 厚隔声材料
60mm 厚木板

墙体隔声构造图

150mm 厚木地板
60mm 厚木龙骨
10mm 厚橡胶垫层
250mm 厚生土楼面

10mm 地毯
150mm 厚木地板

楼地面隔声构造图

第 4 章　围护界面提升

4.1　围护墙体

4.1.1　现状

　　藏族民居墙体类型包括夯土墙、砖墙、混凝土砌块墙和混合墙等。混合墙指的是墙体下部与地面接触的部分采用石材，上部采用夯土砌筑。其中，传统民居使用率最高的是夯土墙，新建民居大多为砖墙或混凝土墙体。

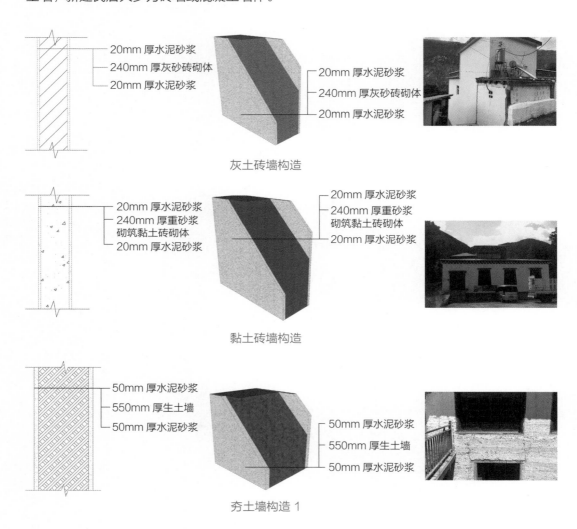

20mm 厚水泥砂浆
240mm 厚灰砂砖砌体
20mm 厚水泥砂浆

20mm 厚水泥砂浆
240mm 厚灰砂砖砌体
20mm 厚水泥砂浆

灰土砖墙构造

20mm 厚水泥砂浆
240mm 厚重砂浆砌筑黏土砖砌体
20mm 厚水泥砂浆

20mm 厚水泥砂浆
240mm 厚重砂浆砌筑黏土砖砌体
20mm 厚水泥砂浆

黏土砖墙构造

50mm 厚水泥砂浆
550mm 厚生土墙
50mm 厚水泥砂浆

50mm 厚水泥砂浆
550mm 厚生土墙
50mm 厚水泥砂浆

夯土墙构造 1

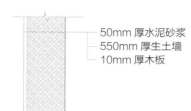
50mm 厚水泥砂浆
550mm 厚生土墙
10mm 厚木板

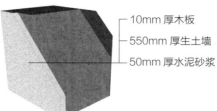
10mm 厚木板
550mm 厚生土墙
50mm 厚水泥砂浆

夯土墙构造 2

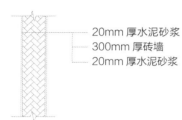
20mm 厚水泥砂浆
300mm 厚砖墙
20mm 厚水泥砂浆

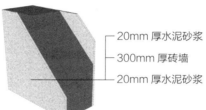
20mm 厚水泥砂浆
300mm 厚砖墙
20mm 厚水泥砂浆

混凝土砌块墙构造

4.1.2　墙体热工性能评价

　　本地区传统民居的墙体经过计算平均传热系数并与标准值进行对比，当地墙体平均传热系数普遍大于标准值，尤其是砖墙，在墙体热工提升方面还有较大空间。

墙体类型	构造层次（从外到内）	平均传热系数 [W/(m²·K)]	标准值 [W/(m²·K)]
夯土墙1	50mm厚石灰抹面+550mm厚生土墙+50mm厚石灰抹面	1.29	≤0.5
夯土墙2	50mm厚石灰抹面+550mm厚生土墙+10mm厚木板	1.27	
砖墙	20mm厚水泥砂浆抹面+240mm厚砖墙+20mm厚水泥砂浆抹面	2.43	
混凝土砌块墙	20mm厚水泥砂浆抹面+300mm厚砖墙+20mm厚水泥砂浆抹面	2.16	

4.1.3 墙体热工性能提升

墙体改造，主要针对传统民居使用最多的夯土墙体和现在使用最多的多孔砖墙进行改造。下面针对这两种墙体给出改造方案，分别在墙外增设保温砂浆和挤塑聚苯板。

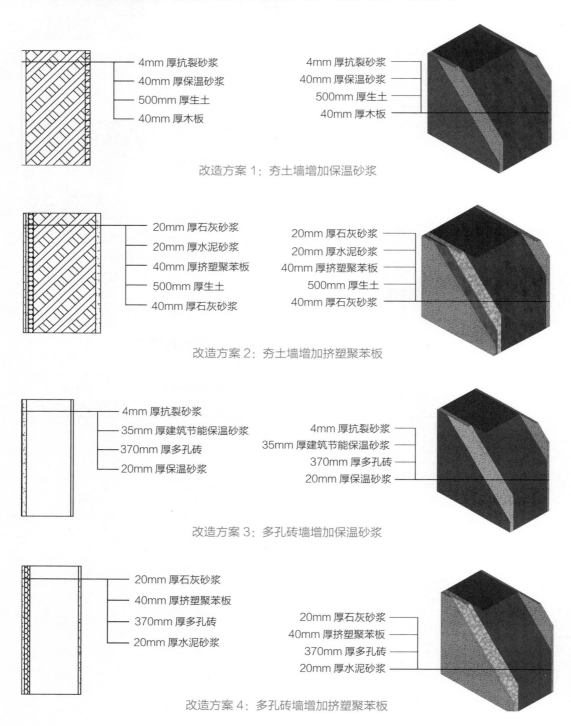

4mm 厚抗裂砂浆
40mm 厚保温砂浆
500mm 厚生土
40mm 厚木板

改造方案 1：夯土墙增加保温砂浆

20mm 厚石灰砂浆
20mm 厚水泥砂浆
40mm 厚挤塑聚苯板
500mm 厚生土
40mm 厚石灰砂浆

改造方案 2：夯土墙增加挤塑聚苯板

4mm 厚抗裂砂浆
35mm 厚建筑节能保温砂浆
370mm 厚多孔砖
20mm 厚保温砂浆

改造方案 3：多孔砖墙增加保温砂浆

20mm 厚石灰砂浆
40mm 厚挤塑聚苯板
370mm 厚多孔砖
20mm 厚水泥砂浆

改造方案 4：多孔砖墙增加挤塑聚苯板

墙体类型	构造层次（从外到内）	平均传热系数 [W/（m²·K）]	标准值 [W/（m²·K）]
夯土墙改造 方案1	4mm厚抗裂砂浆+40mm厚保温砂浆+500mm 厚夯土墙+40mm厚木板	0.480	≤0.5
夯土墙改造 方案2	20mm厚石灰抹面+20mm厚水泥砂浆+40mm 厚挤塑聚苯板+500mm厚夯土墙+40mm厚石 灰抹面	0.490	
砖墙改造 方案1	4mm厚抗裂砂浆+35mm厚保温砂浆+370mm 厚多孔砖墙+20mm厚保温砂浆	0.485	
砖墙改造 方案2	20mm厚水泥砂浆+40mm厚挤塑聚苯板+ 370mm厚多孔砖墙+20mm厚水泥砂浆	0.456	

4.2 围护屋面

4.2.1 现状

藏族传统民居有三种屋面：第一种是传统藏式建筑的土掌平顶屋面；第二种是在传统藏式建筑的土掌平顶屋面上增加一层混凝土面层；第三种是双坡瓦屋面。

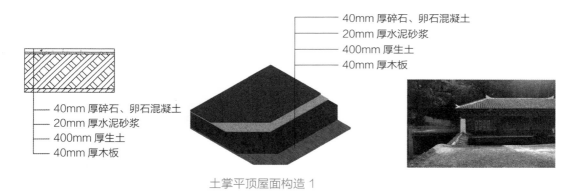

40mm 厚碎石、卵石混凝土
20mm 厚水泥砂浆
400mm 厚生土
40mm 厚木板

土掌平顶屋面构造 1

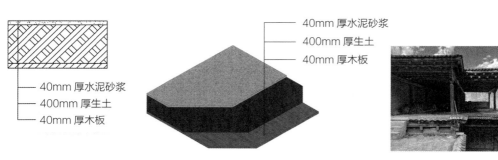

40mm 厚水泥砂浆
400mm 厚生土
40mm 厚木板

土掌平顶屋面构造 2

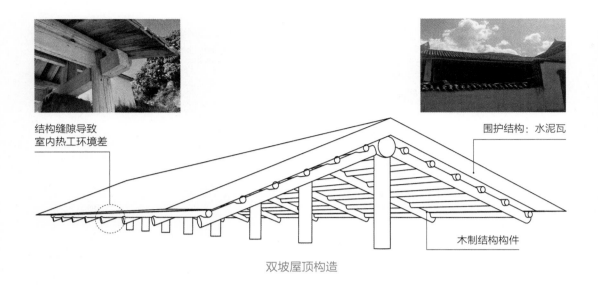

结构缝隙导致
室内热工环境差

围护结构：水泥瓦

木制结构构件

双坡屋顶构造

4.2.2 屋顶材料热工性能评价

对传统民居屋顶进行平均传热系数计算并与标准值进行对比可得，传统的土掌平顶屋面和加了混凝土面层的平顶屋面热工性能相对较好，但是与标准值比较，仍然有很大的提升空间；双坡瓦屋面下面是二层房间的木吊顶，瓦屋面与木吊顶都存在缝隙，保温隔热性能差。

屋顶类型	构造层次（从外到内）	平均传热系数 [W/（m²·K）]	标准值 [W/（m²·K）]
平顶土掌屋面1	40mm厚碎石混凝土+20mm厚水泥砂浆+ 400mm厚生土+40mm厚木板	0.9	≤0.2
平顶土掌屋面2	40mm厚水泥砂浆抹面+400mm厚生土+ 40mm厚木板	1.006	

4.2.3 屋面热工性能提升

对屋面进行改造时，主要针对传统土掌平顶屋面进行改造，在屋顶增设保温层；保温材料可选用玻化微珠保温砂浆、挤塑聚苯板和胶粉聚苯颗粒。改造后的屋面平均传热系数均应小于标准值。

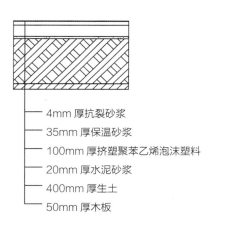

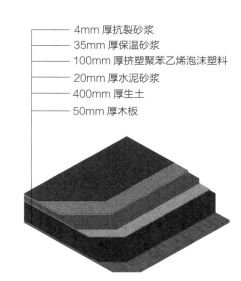

- 4mm 厚抗裂砂浆
- 35mm 厚保温砂浆
- 100mm 厚挤塑聚苯乙烯泡沫塑料
- 20mm 厚水泥砂浆
- 400mm 厚生土
- 50mm 厚木板

改造方案 1：土掌平顶屋面增加保温砂浆和聚苯挤塑板

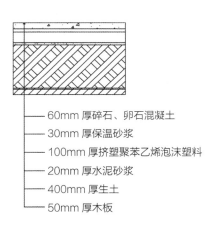

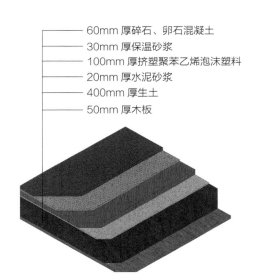

- 60mm 厚碎石、卵石混凝土
- 30mm 厚保温砂浆
- 100mm 厚挤塑聚苯乙烯泡沫塑料
- 20mm 厚水泥砂浆
- 400mm 厚生土
- 50mm 厚木板

改造方案 2：土掌平顶屋面增加保温砂浆、聚苯挤塑板和碎石混凝土

屋顶类型	构造层次（从外到内）	平均传热系数 [W/（m²·K）]	标准值 [W/（m²·K）]
土掌平顶屋顶改造方案1	4mm厚抗裂砂浆+35mm厚保温砂浆+100mm厚挤塑聚苯板+20mm厚水泥砂浆+400mm厚生土+50mm厚木板	0.191	≤0.2
土掌平顶屋顶改造方案2	60mm厚细石混凝土+30mm厚保温砂浆+100mm厚挤塑聚苯板+20mm厚水泥砂浆+400mm厚生土+50mm厚木板	0.195	

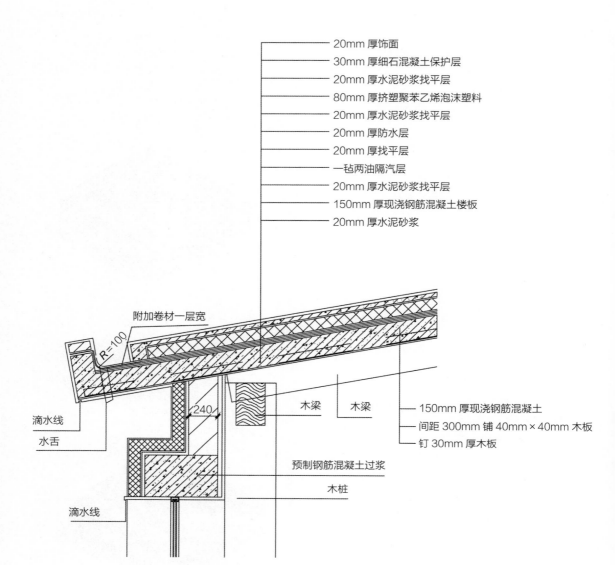

20mm 厚饰面

30mm 厚细石混凝土保护层

20mm 厚水泥砂浆找平层

80mm 厚挤塑聚苯乙烯泡沫塑料

20mm 厚水泥砂浆找平层

20mm 厚防水层

20mm 厚找平层

一毡两油隔汽层

20mm 厚水泥砂浆找平层

150mm 厚现浇钢筋混凝土楼板

20mm 厚水泥砂浆

附加卷材一层宽

R=100

木梁　木梁

150mm 厚现浇钢筋混凝土

间距 300mm 铺 40mm×40mm 木板

钉 30mm 厚木板

240

滴水线

水舌

预制钢筋混凝土过浆

木桩

滴水线

改造方案 3：坡屋面增加挤塑聚苯板

4.3 门窗

4.3.1 现状

民居外门的门扇和门框主要材质为木材，门扇有单扇和双扇两种形式，顶部过梁的材质为木材，门扇与门框、门框与围护结构的交接处密闭性普遍存在问题。

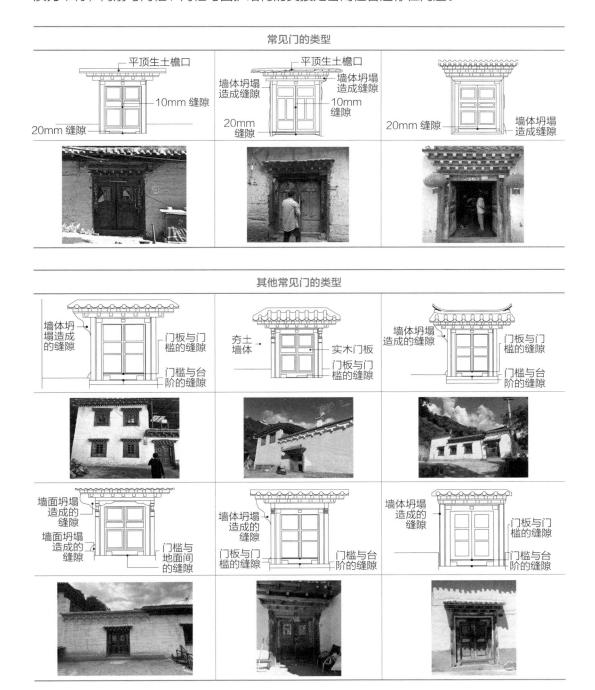

| 常见窗的类型 |

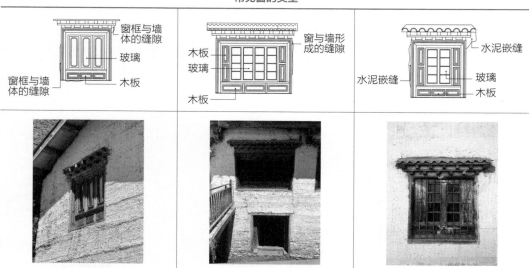

| 其他常见窗的类型 |

其他常见窗的类型			
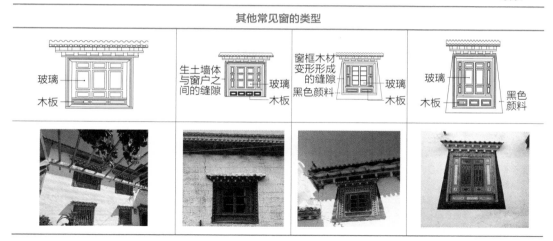			

民居外窗多为双扇向内开启的平开窗，外部没有防盗网，外窗多采用的是普通白玻璃，玻璃与窗扇、两个窗扇之间、窗扇与窗框、窗框与围护墙体的连接处均存在密闭性不足的问题。

4.3.2 现状门窗体系缺陷

民居门窗目前主要存在三个问题：

（1）民居主要功能房间的窗地比、各朝向遮阳系数和部分房间的有效通风面积不满足标准要求，且室内采光不足。

（2）门窗的密闭性存在问题，包括门窗本身的密闭性和门窗框架与墙体连接处的密闭性。

（3）外窗玻璃材质不满足热工要求。

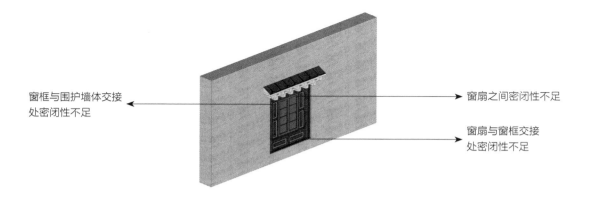

4.3.3 门窗体系提升

（1）经济条件许可的情况下，设置双层窗或双玻璃窗。
（2）选择传热系数小的窗框和玻璃材料。
（3）对外窗自身的密闭性和外窗与围护结构交接处的密闭性进行处理。

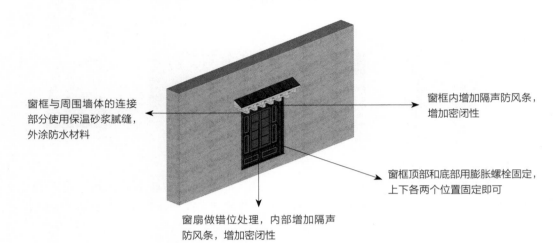

窗框与周围墙体的连接部分使用保温砂浆腻缝，外涂防水材料

窗框内增加隔声防风条，增加密闭性

窗框顶部和底部用膨胀螺栓固定，上下各两个位置固定即可

窗扇做错位处理，内部增加隔声防风条，增加密闭性

窗框材料	传热系数	耐久性	舒适度
木窗框	2.4	易腐蚀	较好
木纹PVC塑钢窗	1.9	易变形	很好

玻璃材料	传热系数［W/（m²·K）］
双玻单Low-E（6mmLow-E+9A+6）	2.0
6mmLow-E玻璃	3.4
普通中空玻璃（6A+12A+6）	2.7

第5章 本土材料应用

5.1 材料循环再生

夫土墙：传统藏族民居建筑所使用的黏土材料从当地获取而来，是天然可循环使用的建筑材料。在旧建筑拆除之后，黏土材料全部可以重新使用，减少对环境的污染，以及对土地占用的负面影响。建议在完善其材料性能的基础上继续使用。

木材：木材是一种有利于人类生存环境和可再生的生物资源。在重新利用时需要进行质量评估与结构计算，在抗震设防地区还需要进行结构的抗震计算。

获取建筑材料　搅拌
夯筑
重新使用
作为燃料　工艺品制作
建造房屋
压合成木板　木材　加工为家具

5.2 建材就地取材

传统民居受到经济和交通等条件制约，普遍采用当地能够获得并易于加工的自然材料。其中木材、泥土、石材是中国传统民居中应用范围最广的三种材料，受地理环境影响，不同地区三种材料的种类和数量是不同的，藏族传统民居中主要使用的材料为当地的黏土、木材和石材。

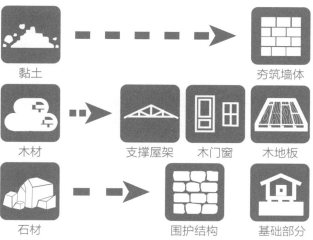

黏土　夯筑墙体
木材　支撑屋架　木门窗　木地板
石材　围护结构　基础部分

黏土

传统藏族民居的主要外围护墙体都是由当地黏土夯筑而成。这是一种特殊的黏土，黏性很高，夯筑的墙体厚实且不易倒塌。黏土材料就地取材，几乎没有建材成本，且夯土墙经久耐用，还有防火、隔热、隔声、吸潮等优点。

木材

传统藏族民居中木材也是十分重要的建筑材料，被用作房子顶部支撑屋顶用的檩条和构架，内部围护的木板墙、木窗，以及内部装修的木地板等。但严禁砍伐原始森林获取木材。

石材

石材主要用于建筑的围护结构或基础部分，因为石材具有质地坚硬、比较稳固、耐潮等优点，也是藏族民居建构中不可或缺的天然材料。

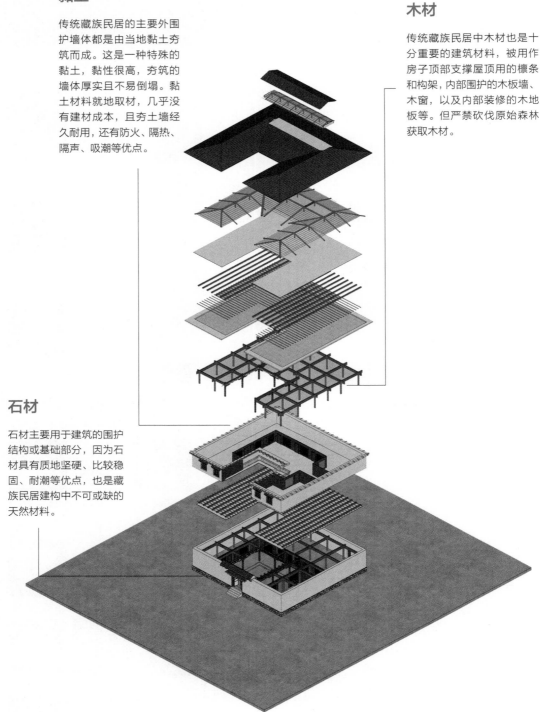

第6章 综合节能体系

6.1 高效能源综合利用

6.1.1 可再生能源选取

水能

太阳能

生物质能

可再生能源是指在自然界中可以不断再生并有规律地得到补充或可重复利用的能源，如太阳能、生物质能、水能、风能、地热能等。可再生能源具有污染低、可持续利用和保护生态环境的特点。

依据当地环境的综合情况，选取可再生能源如水能、太阳能、生物质能等，可为村落提供必要的电力，减少碳排放量并节约资源。

6.1.2 能源综合利用策略

水能：水系较为丰富的地区，有良好的利用条件，可以在合适的位置使用小型水力发动机，为村内公共活动场所提供能源。

太阳能：高原太阳能总辐射较多，可利用太阳能进行热水和发电，但由于风貌保护，太阳能板需要进行隐藏设计，例如分散隐藏在屋顶或布置于村庄外围等。

生物质能：村寨中牲畜较多，其排泄物经过发酵，可以提供沼气等能源，供照明或者燃烧使用。

6.2 被动式通风与空气质量改善

6.2.1 可行性分析

从全年的风频图可以得出：春季、冬季具备良好的通风条件，夏季、秋季通风条件较差，因此，较难实现理想的风压通风，需要对民居外窗进行合理的设置和开启，以热压通风的方式实现被动式通风。

藏族民居所在地区气候数据（以德钦地区为例）

月份	最大风速	主导风向	日均最高温度	日均最低温度
1月	5～5.5m/s	西北风	6℃	−7℃
2月	5～5.4m/s	北风	7℃	−4℃
3月	6.4～7m/s	东南风	9℃	−2℃
4月	5～5.4m/s	东南风	12℃	1℃
5月	4～4.5m/s	无明显主导风向	17℃	5℃
6月	3.8～4.2m/s	西北风	19℃	10℃
7月	3～3.4m/s	东风	19℃	11℃
8月	3.4～3.7m/s	西北风	20℃	10℃
9月	3.4～3.7m/s	西北风	18℃	9℃
10月	4～4.3m/s	西北风	15℃	3℃
11月	3.7～4m/s	西北风	11℃	−3℃
12月	4.2～4.6m/s	西北风	8℃	−5℃

6.2.2 通风策略分析

（1）卧室、起居室（厅）、厨房、火塘处应有自然通风。

（2）民居的平面空间组织，剖面设计，门窗的位置、方向和开启方式的设置，应有利于组织室内自然通风。单朝向住宅宜采取改善自然通风的措施。

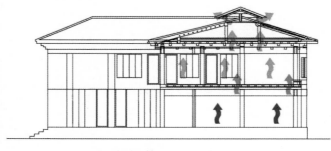

民居利用热压通风示意图

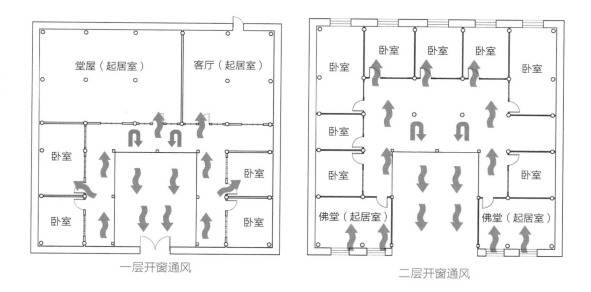

一层开窗通风   二层开窗通风

6.3 保温隔热防潮一体化增强

需要进行保温隔热防潮一体化增强的部位包含建筑的夯土外墙和土掌平顶屋顶，通过更新其构造的做法实现这一目标：

（1）对于夯土墙体，应增设保温层和防潮层。

（2）对于平屋顶，应增设保温层。

（3）墙体和屋顶的保温层厚度计算可参考《严寒和寒冷地区居住建筑节能设计标准》JGJ 26—2018。

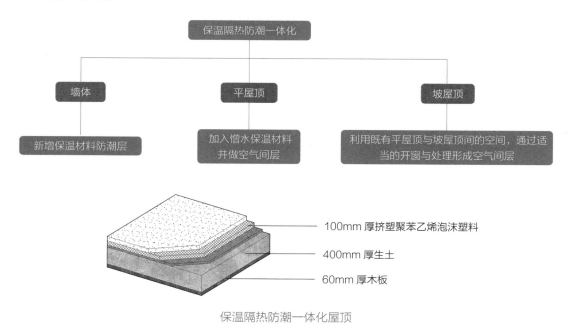

保温隔热防潮一体化屋顶

6.4 室内炊事采暖设施优化建造

目前藏族传统民居使用木材进行采暖炊事，存在很多缺陷，对其进行优化，可通过将木材进行碳化，增加使用效率，或使用新能源对木材进行替代。

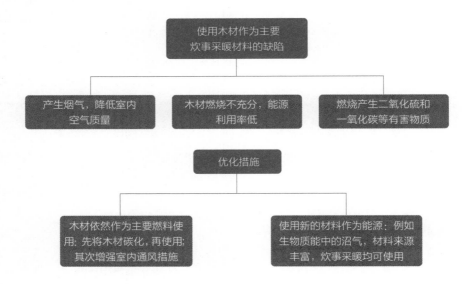

6.5 生活污水、厨余垃圾绿色处理

对生活污水和厨余垃圾进行分类处理、绿色处理、合理利用。

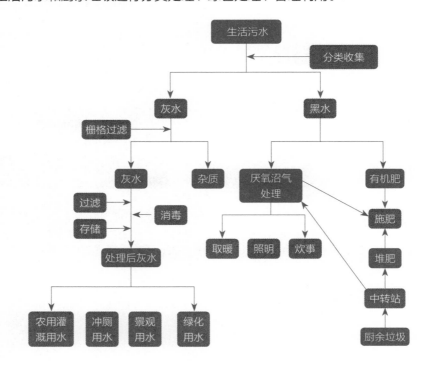